济宁市采煤塌陷地治理规划

（2016—2030 年）

主审　朱运旭　马敬杰
主编　高　峰　蔡德水　李树志

煤 炭 工 业 出 版 社

·北　京·

图书在版编目（CIP）数据

济宁市采煤塌陷地治理规划.2016—2030年/高峰，蔡德水，李树志主编. ――北京：煤炭工业出版社，2018

ISBN 978 – 7 – 5020 – 6865 – 3

Ⅰ.①济…　Ⅱ.①高…②蔡…③李…　Ⅲ.①煤矿开采—地表塌陷—综合治理—济宁—2016 – 2030　Ⅳ.①TD327

中国版本图书馆 CIP 数据核字（2018）第 204452 号

济宁市采煤塌陷地治理规划（2016—2030 年）

主　　编　高　峰　蔡德水　李树志
责任编辑　李振祥
编　　辑　刘晓天
责任校对　尤　爽
封面设计　尚乃茹

出版发行　煤炭工业出版社（北京市朝阳区芍药居 35 号　100029）
电　　话　010 – 84657898（总编室）　010 – 84657880（读者服务部）
网　　址　www.cciph.com.cn
印　　刷　北京建宏印刷有限公司
经　　销　全国新华书店

开　　本　787mm×1092mm$\frac{1}{16}$　印张　4$\frac{1}{2}$　字数　108 千字
版　　次　2018 年 8 月第 1 版　2018 年 8 月第 1 次印刷
社内编号　20181004　　　　定价　36.00 元

济宁市人民政府
关于实施《济宁市采煤塌陷地治理规划（2016—2030 年）》的通知

济政字〔2018〕33 号

各有关县（市、区）人民政府，济宁高新区、太白湖新区、济宁经济技术开发区管委会，市政府有关部门，各有关矿业集团：

现将《济宁市采煤塌陷地治理规划（2016—2030 年)》（以下简称《规划》印发给你们，并就《规划》的实施工作提出如下要求，请一并抓好贯彻落实。

一、《规划》是我市开展采煤塌陷地治理工作的指导性文件，是合理确定采煤塌陷地治理方向、提升采煤塌陷地利用综合效益的重要依据。各级各有关部门、矿业集团要切实增强对《规划》重要性的认识，积极营造《规划》实施的良好环境。

二、各有关县（市、区）、有关矿业集团要依据《规划》编制本县（市、区）、本集团采煤塌陷地治理规划或工作方案，制定年度治理计划，落实《规划》确定的各项任务目标。

三、各有关县（市、区）、有关矿业集团要强化治理工作举措，加大治理资金投入，完善管理制度，强化调度督导，全力全速推进采煤塌陷地治理工作。

济宁市人民政府

2018 年 5 月 2 日

前　　言

　　济宁市煤炭资源储量丰富，是全国重点规划建设的 14 个大型煤炭基地之一。全市含煤土地面积 3920 km²，约占全市总面积的 35% 左右。截至 2015 年底，全市境内探明煤炭资源储量约 15.1 Gt，占全省探明储量的 50% 以上。济宁市共设立煤炭矿权 68 个，境内矿井 57 对，井口在境外、井田在境内的矿井 11 对。其中，煤炭生产矿井 52 对、闭坑矿井 2 对、在建矿井 3 对，总核定/设计年生产能力 96.5 Mt。

　　济宁市煤炭资源大部分处于平原区耕地、村庄和河流下方，可采煤层厚、埋藏深，采煤塌陷土地呈现范围广、深度大、积水严重的显著特征。因采煤塌陷，矿区生态环境遭受极大破坏，各类基础设施失去功能，耕地面积和农业产能大幅下降；部分地上建筑斑裂甚至倒塌，大量村庄、企业和机关被迫搬迁，给矿区群众的生产和生活造成巨大影响，区域可持续发展受到威胁。长期以来，济宁市委、市政府高度重视采煤塌陷地治理工作，从落实科学发展观、构建和谐社会的高度出发，已先后编制了两轮治理专项规划，规范有序地推进采煤塌陷地治理工作，并取得显著成效。

　　近几年，国家和山东省高度重视采煤塌陷地及由此引发的一系列问题，本着推进矿区转型发展和惠农强农的原则，先后出台了多项政策规定，调整治理导向，加大了采煤沉陷区综合治理和开发利用力度。特别是山东省政府专门出台了《山东省采煤塌陷地综合治理工作方案》（鲁政办字〔2015〕180 号）（以下简称"180 号文"），对治理工作进行了统筹安排。该文件强调，采煤塌陷土地严重的市、县要根据最新政策和要求，编制采煤塌陷地治理专项规划，树立"因地制宜、综合整治"的理念，科学治理采煤塌陷地，着力提升采煤矿区土地利用的经济、社会和生态效益。济宁市作为山东省采煤塌陷地的重灾区，编制新的治理规划，贯彻落实各项政策和规定，加速转型升级和城乡一体化进程。

本次规划编制，按照国家推进"五位一体"总体布局和协调推进"四个全面"战略布局要求，牢固树立和贯彻落实创新、协调、绿色、开放、共享的发展理念，将前两轮规划确定的以耕地恢复为主的治理方向与治理模式，调整到治理与济宁城乡一体化发展、矿区多产业协调布局、生态文明建设提升、群众共享发展成果等客观需求上来。规划治理的安排布局，重点体现了以采煤塌陷地治理促进各相关规划有机衔接与落实的定位，更好地贯彻了服务矿区群众、服务产业振兴、服务科学发展的战略思想。

规划编制成果根据"180 号文"中提出的"山东省力争到 2020 年，治理已稳沉采煤塌陷地达到 80%，新增采煤塌陷地达到同步治理；治理历史遗留采煤塌陷地达到 80%"的目标要求，对全市到 2020 年各年度的治理任务进行了分解，安排了重点工程并加以落实。此外，本规划对济宁市采煤塌陷地的治理划分了功能分区，在落实中长期任务目标、调整治理方向的基础上，增强规模化、组团化效应，提高综合治理的成效，符合市委、市政府的安排部署，为今后济宁市采煤塌陷地治理工作提供了切实可行的依据。

本规划的编制得到国家重点研发计划课题《大型煤电基地土地整治关键技术》（课题编号：2016YFC0501105）和《土地复垦与修复质量标准研究》（课题编号：2017YFF0206802）的支持。

编　者

2018 年 7 月

目　　　次

第一章 总 则

第一节 指 导 思 想

以践行科学发展观理论、推动和谐社会和生态济宁建设、促进经济社会转型升级为指导，以国家相关法律法规、上级有关文件规定和《济宁市国民经济和社会发展第十三个五年规划》《济宁市土地利用总体规划（2006—2020年）》《济宁市城市总体规划（2014—2030年）》等为依据，坚决贯彻落实"十分珍惜、合理利用土地和切实保护耕地"的基本国策，将宜耕土地优先复垦，全力修复有效耕地，并着力加强采煤沉陷区湿地生态建设、城乡建设、服务功能建设，努力拓展用地空间，推动矿区多产业协调发展，服务经济、社会可持续发展。

第二节 规 划 原 则

一、优先恢复农业用地，推动第一产业发展，保障粮食安全

立足济宁市土地资源不足、人多地少、人地矛盾突出的实际，以"十分珍惜、合理利用土地和切实保护耕地"的基本国策为出发点，确保优先治理复垦为农用地，最大限度地恢复耕地，并配套完善农业基础设施，努力提高农业综合生产能力，增强济宁作为传统粮食生产基地的作用，保障区域粮食安全。

二、加强生态建设，拓展城市发展空间，开发城市服务功能

加强采煤塌陷地治理在生态资源保护、生态关系维护、生态环境提升方面的积极作用，利用现有水系和积水沉陷区建设环城水系与环城生态绿带，发展人工园林湿地，发挥城市"绿心""绿肺"功能与景观功能。加强采煤沉陷区内城市发展空间与服务功能的开发，推行"面湖、拥湖"的城镇建设理念，破解土地瓶颈制约，构建生态宜居城市，实现土地集约利用与增值的目标。

三、立足当前需要，着眼长远发展，统一规划，分步实施

按照大区域、大生态和大环境的治理理念，统一规划，科学划分不同治理功能区，因地制宜地布设重点工程项目，并根据轻重缓急的原则分期、分步实施，有机地结合全市近、中、远期国民经济和社会发展规划需求。

四、综合整治和开发利用，经济、社会和生态效益相统一

在耕地保护优先的前提下，打破传统治理模式和理念，在采煤沉陷区拓展城市空间与服务功能，开展湿地生态建设，合理布局国家鼓励发展的新型产业用地，构建具有现代意义的可持续发展与生态恢复治理体系，实现采煤塌陷地综合治理最佳的经济、社会和生态效益。

第三节　规　划　任　务

（1）调查测绘规划基期的采煤塌陷土地现状，掌握其分布范围、数量规模和典型特点以及危害；划分治理责任，明确治理主体；分析预测规划期内采煤塌陷地的数量及分布情况。

（2）根据不同区域的经济、社会和生态发展需要，进行综合治理分区，确定主要功能，因地制宜提出不同治理模式，科学高效地治理采煤塌陷地，促进矿区经济的可持续发展。

（3）确定采煤塌陷地治理任务和目标，按年度分解到各县（市、区）；确定采煤塌陷地治理控制标准，提出重点工程项目，稳步推进治理；提出保障措施方面的建议，为规划的实施提供有力的支撑。

协和那些
值得记住的事儿

PUMC
（Peking Union Medical College）

1909
洛克菲勒基金会派出"东方教育考察团"，为在中国办学，第一次赴中国考察。

1914
第二次考察团，为在中国办学设定愿景。发表考察报告《中国的医学》。

1915
第三次考察团，团员为顶级配置的医学专家。选定北京为建校地点，并设定办学高标准："建立一个与欧洲、美洲同样好的医学院"。

1917
北京协和医学院举办奠基仪式，9月协和自办医预科开学。

1921
北京协和医学院举行开幕典礼，盛况空前，洛克菲勒二世亲临现场。

1923
公共卫生专家兰安生已来中国两年，对中国公共卫生的发展规划，渐趋成熟。在中国医学教育史上，第一次为医学生讲授公共卫生。

1925
孙中山生命中的最后两个月，大部分在协和医院度过。其葬礼在东单三条的协和大礼堂举行。

1925
北京协和医学院与当时政府合作，建立了"卫生示范区"，开展生命统计工作，中国第一次科学地进行居民的生命统计，并匹配以城市的三级医疗保健网。

1926
梁启超的弟弟梁启勋发表文章《病院笔记》，记载了梁启超在协和医院看病的经过，再次引发了"中西医之争"。三年后，梁启超入住协和医院，因一种当时极罕见的肺部感染病逝。

1927
北京协和医院解剖学教授步达生根据在周口店发掘的牙齿化石，断定中国猿人的新品种，起名"北京人"，向全世界宣布了"北京人"的存在。对周口店遗址的正式挖掘，从这一年开始。

1932
北京协和医学院的毕业生陈志潜走进河北定县农村，创造出"定县模式"的初级卫生保健体系。"定县农村三级保健网"对后来的世界社区医疗保健体系产生了深远影响。中国最早的赤脚医生雏形，在这里诞生。

1937
北京协和医学院生理系教授林可胜，组建了"中国红十字会医疗救护总队"。

1941
日军占领协和医学院，校长胡恒德被日军关押，之后协和被迫停办。

1943
经过了"漫长、艰难、危险"的迁徙，从沦陷区出发长达两个月的险途，协和高级护士学校迁至成都，9月正式开学。

1945
日本投降。一群协和同事及中国医学领袖，在协和董事周贻春的重庆家中相聚，商议协和复校的可能，以及重建后的教学问题。

1946
洛克菲勒基金会第四次派考察团，了解八年抗日战争后的中国医疗卫生，建议集中力量，重振"北京协和医学院"威名。

1947
北京协和医学院复校。

1951
协和医学院、协和医院收归国有，由教育部和卫生部接管，校名改为"中国协和医学院"。

1957
中国协和医学院与中国医学科学院合并，称中国医学科学院，附属医院称北京协和医院，黄家驷被任命为院长。这一年，张孝骞教授上书，建议恢复协和长学制的医学教育。

1959
协和医学院恢复八年制。

1970
协和再次停办。

1979
协和复校，学制八年，名为"中国首都医科大学"，六年后改名为"中国协和医科大学"，并恢复高级护理教育。

1980

1983
毕业于协和护校的王琇瑛获南丁格尔奖章，是中国第一位获此殊荣的护理工作者。

1985
协和医学院与美国洛氏驻华医社重建联系。北京协和医院发现了中国第一例艾滋病。

2004
北京协和医院成立了中国第一个学术性普通内科，成为在大内科领导下与其他专科并列的科室，回归医学整体观。

2007
中国协和医科大学更名为北京协和医学院。

湛庐文化 Cheers Publishing
a mindstyle business 与思想有关
特别制作

第四节 规 划 依 据

（1）《中华人民共和国土地管理法》（2004 年修正）；

（2）《中华人民共和国矿产资源法》（1996 年）；

（3）《中华人民共和国煤炭法》（2016 年修正）；

（4）《中华人民共和国水土保持法》（2010 年）；

（5）《中华人民共和国环境保护法》（2014 年）；

（6）《土地复垦条例》（国务院令第 592 号）；

（7）《建设项目环境保护管理条例》（国务院令第 253 号）；

（8）《基本农田保护条例》（国务院令第 257 号）；

（9）《中华人民共和国水土保持法实施条例》（国务院令第 120 号）；

（10）《矿山地质环境保护规定》（国土资源部令第 64 号）；

（11）《国务院关于印发土壤污染防治行动计划的通知》（国发〔2016〕31 号）；

（12）《关于加强矿山地质环境恢复和综合治理的指导意见》（国土资发〔2016〕63 号）；

（13）《全国地质灾害防治"十三五"规划》（国土资发〔2016〕155 号）；

（14）《山东省基本农田保护条例》（1997 年修正）；

（15）《山东省地质环境保护条例》（2004 年修正）；

（16）《山东省国民经济和社会发展第十三个五年规划纲要》；

（17）《山东省湿地保护工程实施规划（2016—2020 年）》；

（18）《山东省采煤塌陷地综合治理工作方案》（鲁政办字〔2015〕180 号）；

（19）《济宁市城市总体规划（2014—2030 年）》；

（20）《济宁市土地利用总体规划（2006—2020 年）》；

（21）《济宁市矿产资源总体规划（2016—2020 年）》；

（22）《济宁市采煤塌陷地治理规划（2010—2020 年）》；

（23）《济宁市资源型城市转型与可持续发展规划（2016—2020 年）》；

（24）《济宁市压煤村庄搬迁用地挂钩规划（2007—2020 年）》；

（25）《济宁市生态保护红线规划（2016—2020 年)》；

（26）济宁市各个煤矿的开采规划及采掘工程平面图等相关地质采矿技术资料等。

第五节 规 划 期 限

规划基期：2015 年。

规划期：2016—2020 年。

展望期：2021—2030 年。

第二章　采煤塌陷现状与预测

第一节　煤炭分布及开采情况

一、煤炭资源分布情况

济宁市含煤地层为古生代石炭—二叠系，可采煤层主要为其中的太原组和山西组。在地理位置上，主要分布于济宁中、西部平原地区，京沪铁路西侧、南四湖两侧和济宁、兖州、曲阜、邹城金三角以及中部区域分布集中，形成了以济宁煤田、兖州煤田、滕南煤田、滕北煤田和宁汶煤田等为主的规模化、集约化开采格局。

截至 2015 年底，济宁市煤炭资源探明储量约为 15.1 Gt，占全省探明储量的 50% 以上。煤层赋存厚度较大，多为 8~12 m，较薄开采煤层厚度也在 2~3 m，并且煤层稳定，煤质优良，煤种多为气煤和肥煤。

二、煤炭资源开采情况

济宁市煤炭开采可追溯到 20 世纪 60 年代，原兖州矿务局在邹城市的唐村煤矿建成投产。到 20 世纪 80 年代初，兖州煤田、滕南煤田和滕北煤田开始大规模开采。截至 2015 年底，济宁市境内设立煤炭矿权 68 个，其中井口在境内的矿井 57 对，井口在境外的矿井 11 对。现有兖州、淄博、枣庄、临沂、肥城、济宁等矿业集团及省属监狱和地方煤矿等，生产矿井有 52 对、闭坑矿井 2 对、在建矿井 3 对，总核定/设计生产能力 96.5 Mt/a。

济宁市煤炭开采可以分为 4 个阶段：1958—1995 年为起始阶段，煤矿数量缓慢增加，煤炭产能缓慢增长，资源存量缓慢减少，未形成规模性塌陷；1996—2010 年为成长阶段，煤矿数量快速增多，产能迅速提高，资源存量衰减速度加快，土地塌陷问题开始凸显；2011—2020 年为成熟阶段，煤矿数量进入新增与闭坑并行，产能小幅减少，资源存量开始枯竭，土地塌陷问题日益严重；2020 年后逐渐进入资源开采后期，煤矿逐步闭坑，资源存量逐步枯竭，土地塌陷规模持续增大。

第二节　采煤塌陷现状

一、采煤沉陷土地现状

按照《山东省采煤塌陷地认定指导意见》（鲁煤搬迁〔2017〕18 号）有关规定，采煤造成上方地表垂直沉降幅度超过 10 mm 的区域为采煤沉陷区，采煤沉陷区内减产、绝产的农用地和受影响的建设用地及未利用为采煤塌陷地。经调查，截至 2015 年底，济宁市采煤沉陷区为 50873.78 公顷。其中，积水面积为 9782.84 公顷（全部计入采煤塌陷地范围），占采煤沉陷区总面积的 19.23%。采煤塌陷地为 41278.26 公顷，占采煤沉陷区的 81.14%。采煤沉陷区范围共涉及全市 13 个县（市、区）、30 多个乡镇（街道）和 400 多个村庄（居委）。详见附表 1。

二、采煤损毁地类现状

截至 2015 年底，济宁市采煤损毁的地类主要为耕地、水域及水利设施用地和城镇村及工矿用地，其他地类相对较少。

采煤沉陷区中，耕地为 29494.27 公顷，占总面积的 57.98%；水域及水利设施用地为 12694.87 公顷，占总面积的 24.95%；城镇村及工矿用地为 4613.39 公顷，占总面积的 9.07%；园地为 318.17 公顷，林地为 2001.40 公顷，草地为 210.02 公顷，交通运输用地为 863.16 公顷，其他土地为 678.50 公顷，合计占总面积的 8.00%。详见附表 2。

采煤塌陷地中，耕地为 21178.76 公顷，占总面积的 51.31%；水域及水利设施用地为 12252.38 公顷，占总面积的 29.68%；城镇村及工矿用地为 4613.39 公顷，占总面积的 11.18%；园地为 236.96 公顷，林地为 1424.27 公顷，草地为 175.80 公顷，交通运输用地为 863.16 公顷，其他土地 533.53 公顷，合计占总面积的 7.83% 。详见附表 3。

三、历史遗留采煤塌陷地现状

依据《山东省采煤塌陷地综合治理工作方案》（鲁政办字〔2015〕180号）规定，1999 年 1 月 1 日之前采煤塌陷损毁的土地和已征收的采煤塌陷地为历史遗留采煤塌陷地。据此统计，济宁市历史遗留采煤塌陷地为 8403.73 公顷（全部计入采煤塌陷地范围），分布于济宁市高新区、太白湖新区、兖州区、曲阜市、邹城市、微山县、鱼台县等 7 个市（县、区），面积分别为 558.98 公顷、427.69 公顷、1311.11 公顷、717.03 公顷、4058.40 公顷、1289.81 公顷、40.71 公顷。其中，兖州区、邹城市、微山县规模较大，合计占总面积的 79.24% 。详见附表 4。

第三节　采煤塌陷地治理情况

一、采煤塌陷地治理情况

截至 2015 年底，全市共投入各类治理资金 23.71 亿元，治理采煤塌陷地 15007.14 公顷（含历史遗留采煤塌陷地），占现有采煤塌陷地总面积的 49.38% ，取得了较好的经济、社会和生态效益。

二、历史遗留采煤塌陷地治理情况

截至 2015 年底，治理历史遗留采煤塌陷地 3641.14 公顷，占历史遗留采煤塌陷地总面积的 43.33% 。治理情况详见附表 5。

第四节　采煤塌陷情况预测

一、采煤塌陷地规模预测

（一）规划期（2016—2020 年）

到 2020 年，全市采煤沉陷区规模为 63757.18 公顷，比 2015 年底增加

12883.39公顷。其中，采煤塌陷地为52252.90公顷，比2015年底增加10974.65公顷。届时，稳沉采煤塌陷地将达到31967.26公顷。

（二）展望期（2021—2030年）

到2030年，全市采煤沉陷区规模为79615.27公顷，比2020年增加15858.09公顷。预测情况详见附表6。

二、采煤塌陷地损毁程度预测

根据《土地综合整治规范》有关规定，结合济宁市实际，将采煤塌陷地损毁程度分为3种类型。地表垂直下沉幅度在1m以内（含1m）为轻度，1～3m（含3m）为中度，超过3m或地表积水为重度。

到2020年，全市采煤沉陷区中，轻度采煤沉陷区为27727.80公顷，占43.49%；中度采煤沉陷区为17659.37公顷，占27.70%；重度采煤沉陷区为18370.01公顷，占28.81%。其中，在采煤塌陷地中，轻度塌陷地为16223.52公顷，占31.04%；中度塌陷地为17659.37公顷，占33.80%；重度采煤塌陷地为18370.01公顷，占35.16%。详见附表7。

三、采煤损毁地类预测

到2020年，采煤沉陷区中，耕地为37897.62公顷，水域及水利设施用地为13714.04公顷，城镇村及工矿用地为7144.72公顷，其他各地类合计为5000.80公顷。详见附表8。

到2020年，采煤塌陷地中，耕地为27544.20公顷，水域及水利设施用地为13323.18公顷，城镇村及工矿用地为7144.72公顷，其他各地类合计为4240.80公顷。详见附表9。

四、稳沉采煤塌陷地预测

到2020年，全市稳沉采煤沉陷区面积为37536.47公顷，占沉陷区总面积的58.87%。其中，稳沉采煤塌陷地面积为31967.26公顷，占采煤塌陷地总面积的61.18%。稳沉采煤塌陷地主要分布在济宁高新区、任城区、兖州区、邹城市、微山县等县（市、区）。详见附表10。

需要说明的是，因煤炭生产企业只有最近5年的开采计划，加之煤炭产能变化趋势不明确，2020 年以后各矿井的开采区域、采出量和开采时序等难以确定。因此，只能根据设计产能推算的采出量，预测 2021—2030 年全市采煤沉陷区大体规模，采煤塌陷地规模、损毁地类、损毁程度暂时无法预测。

第三章　规　划　目　标

第一节　总　体　目　标

依据城乡发展规划和经济、社会发展需求，大规模和快速有序开展采煤塌陷地的治理，提升土地利用的综合效益，维护矿区群众的合法权益，激发采煤矿区持续发展新的动力；坚持防治并重、边采边治、治理与利用相结合的原则，因地制宜开展采煤塌陷地治理，拓展发展空间，引领城市向沉陷区发展，引导采煤沉陷区发展特色产业，助推城乡建设发展，服务矿区转型升级。规划期（2016—2020 年）内，根据《山东省采煤塌陷地综合治理工作方案》（鲁政办字〔2015〕180 号）规定，全市共治理完成 80% 以上的稳沉采煤塌陷地，新增采煤塌陷地达到同步治理，并治理完成 80% 以上的历史遗留采煤塌陷地。

第二节　具　体　目　标

一、规划期（2016—2020 年）治理任务

根据《关于济宁市采煤塌陷地治理工作委员会办公室采煤塌陷地认定问题有关情况的批复》（鲁煤综治〔2017〕7 号）等文件规定，结合预测情况，到 2020 年全市需累计治理稳沉采煤塌陷地规模约为 25636.23 公顷（含历史遗留采煤塌陷地 6730.50 公顷），方可完成省政府下达的任务目标。

截至 2015 年底，全市已治理完成采煤塌陷地 15007.14 公顷。其中，历史遗留采煤塌陷地 3641.14 公顷。因此，规划期内还需治理稳沉采煤塌陷地 10629.09 公顷（含历史遗留采煤塌陷地 3089.37 公顷），平均每年需治理采

煤塌陷地约 2125.82 公顷。详见附表 11。

二、展望期（2021—2030 年）治理任务

展望期内，采煤塌陷地的治理规模为 18307.29 公顷，平均每年治理 1830.73 公顷。其中，到 2025 年治理目标为 9940.86 公顷（含历史遗留采煤塌陷地 1673.23 公顷），基本实现在 2025 年煤炭企业治理完成其为责任主体的已稳沉采煤塌陷地、政府治理完成历史遗留采煤塌陷地的任务目标。

第四章　采煤塌陷地治理规划分区

第一节　采煤塌陷地治理分区

依据采煤沉陷区的特点，结合当地经济结构、社会发展及区位优势，围绕城乡规划与相关农林、水利、生态、旅游和产业等规划及政策规定，综合考虑发展定位和发展需求，遵循"集中连片、规模治理、分类推进"的原则，将全市采煤沉陷区划分为东部矿区生态景观治理区、中部矿区城市功能开发治理区、西北部矿区农业综合治理区和南部矿区湿地保护与特色产业治理区（表4-1）。其中，依据各级生态保护红线规定，南四湖等重要生态功能区将严格执行退耕还湖、退耕还湿、退耕还林等措施，逐步恢复湖泊和湿地的历史面貌。其他生态保护红线区内采煤塌陷地的治理，将依据有关规定，结合类型、分布、环境条件和区域特点，实行生态修复、农业复垦、产业利用模式进行治理。

表4-1　济宁市采煤塌陷地治理规划分区表

规划治理分区	范　围
东部矿区生态景观治理区	济宁高新区：鲍店煤矿、横河煤矿、太平煤矿、田庄煤矿、杨村煤矿。 兖州区：鲍店煤矿、单家村煤矿、东滩煤矿、古城煤矿、兴隆庄煤矿、杨村煤矿、杨庄煤矿。 曲阜市：单家村煤矿、东滩煤矿、古城煤矿、星村煤矿、兴隆庄煤矿、杨庄煤矿。 邹城市：鲍店煤矿、北宿煤矿、东滩煤矿、横河煤矿、里彦煤矿、落陵煤矿、南屯煤矿、太平煤矿、唐村煤矿

表 4-1（续）

规划治理分区	范　　　围
中部矿区城市功能 开发治理区	济宁高新区：岱庄煤矿、何岗煤矿、济宁二号煤矿、许厂煤矿。 任城区：安居煤矿、岱庄煤矿、葛亭煤矿、何岗煤矿、鲁西煤矿、唐口煤矿、王楼煤矿、新河煤矿、运河煤矿。 经济技术开发区：安居煤矿、唐口煤矿、新河煤矿。 太白湖新区：安居煤矿、济宁二号煤矿、济宁三号煤矿。 兖州区：何岗煤矿、许厂煤矿。 微山县：济宁三号煤矿、安居煤矿、泗河煤矿、王楼煤矿
西北部矿区农业 综合治理区	任城区：鲁西煤矿。 兖州区：新驿煤矿、鲁西煤矿、义能煤矿、义桥煤矿。 嘉祥县：梁宝寺煤矿、红旗煤矿、宏阳煤矿。 汶上县：鲁西煤矿、唐阳煤矿、阳城煤矿、义桥煤矿、义能煤矿。 梁山县：杨营煤矿、阳城煤矿
南部矿区湿地保护 与特色产业治理区	任城区：王楼煤矿。 微山县：蔡园煤矿、柴里煤矿（境外）、崔庄煤矿、岱庄生建煤矿、岱庄生建煤矿湖西矿井、龙固煤矿（境外）、龙东煤矿（境外）、三河尖煤矿（境外）、双合煤矿（在建）、付村煤矿、高庄煤矿、欢城煤矿、蒋庄煤矿（境外）、金源煤矿、孔庄煤矿（境外）、七五煤矿、三河口煤矿、泗河煤矿、田陈庄煤矿（境外）、王楼煤矿、军城煤矿、新安煤矿、滨湖煤矿（境外）、级索煤矿（境外）、柴里煤矿（境外）、徐庄煤矿（境外）、姚桥煤矿（境外）、永胜煤矿、昭阳煤矿。 鱼台县：军城煤矿、鹿洼煤矿、王楼煤矿。 金乡县：花园煤矿、金桥煤矿、霄云煤矿

第二节　采煤塌陷地分区治理方向与布局

一、东部矿区生态景观治理区

（一）区域概况

该区域位于济宁市的中东部，在兖州区、曲阜市和邹城市黄金三角地带范围内，包括济宁高新区、兖州区东部和南部、曲阜市西部和邹城市西部。共涉及 16 个煤矿，分别为兴隆庄煤矿、东滩煤矿、鲍店煤矿、南屯煤矿、杨村煤矿、北宿煤矿、唐村煤矿（关闭）、单家村煤矿、古城煤矿、星村煤矿、杨庄煤矿、田庄煤矿、横河煤矿、太平煤矿、里彦煤矿和落陵煤矿。其中，落陵煤矿已闭坑。

（二）区位特征

该区域地处济、兖、邹、曲城市融合发展核心区，属城市群中间开阔地带，经济发达、人口稠密、交通便利。采煤沉陷区主要位于泗河和白马河之间。

（三）开采和沉陷特点

该区域煤炭矿山规模大、产能高、煤层采厚和采深大，且多为放顶煤开采。井田大部分已开采，进入了生产萎缩期。采煤沉陷区集中连片分布，下沉幅度较大，加之地下潜水位高，积水情况严重。

（四）治理定位

围绕都市区发展定位，结合历史文化名城和生态旅游城市建设，以生态修复为主，重点营造湿地为核心的旅游和农业景观，开发城市生态"绿心"功能，促进城乡统筹发展和新农村建设进程。具体措施为建设湿地，突出其城市服务功能，并拓展城市发展空间；建设光电、蓄水、净化、防洪和养殖功能区，发展现代农业、养殖业、园林业和新型产业；围绕泗河、白马河的综合开发治理，构建旅游、休闲、运动和文化等经济与景观复合区；结合煤炭开采历史，构建矿山文化—采煤塌陷地治理技术展示—休闲娱乐—度假旅游为一体的生态旅游功能区。

（五）治理方向与模式

邻近兖州区、邹城市和曲阜市主城区及平阳寺镇、太平镇、北宿镇、唐村镇的轻度采煤沉陷区。治理主要围绕城市规划，通过划方平整、取土充填等措施，形成城市建设用地，开发居住和工业园区。涉及古城煤矿西部、星村煤矿东北部、兴隆庄煤矿北部、杨庄煤矿、杨村煤矿西部、田庄煤矿西部、太平煤矿西部、鲍店煤矿南部、东滩煤矿东南部、南屯煤矿东部、北宿煤矿东西两侧、落陵煤矿东西两侧、唐村煤矿、里彦煤矿东南部采煤沉陷区域。

城镇周边的中度采煤沉陷区，作为城市发展潜在延伸区，采取挖深垫浅、土地平整、营造植被等措施，形成城市功能用地，开发城市休闲农业、城市湿地、生态绿带和生态公园等服务型功能区。涉及泗河西侧的杨村煤矿北部、泗河东侧的单家村煤矿和古城煤矿、白马河东侧的东滩煤矿西南部、鲍店煤矿东部和南屯煤矿中部采煤沉陷区域。

离城镇较远的采煤沉陷区，主要分布在济、兖、邹、曲之间，积水深、面积大，且集中连片分布。依据其区位和特点，采用渔业、光电、人工湿地和农业观光等治理模式，重点营造城市湿地，实现"绿心"功能，发展休闲农业。其中，深度积水区，采取造岸、护坡、绿化等工程措施，建设生态湿地、平原水库和光伏电站，涵养水源、调蓄雨洪，提高采煤塌陷地利用率；轻度积水区，采取挖深垫浅法治理，发展立体高效农业和渔禽综合养殖业；不积水区域，采取划方平整法治理，发展果蔬等有机生态农业，建设"菜篮子工程"。涉及兴隆庄煤矿南部、鲍店煤矿、杨村煤矿南部、田庄煤矿东部、横河煤矿、东滩煤矿采煤沉陷区域。

泗河、白马河两侧的采煤沉陷区，采取充填平整、挖深垫浅、植被绿化等措施，构建带状景观廊道，建设运动、休闲、观光等多功能景观带。涉及杨庄煤矿、杨村煤矿、鲍店煤矿、横河煤矿、太平煤矿、东滩煤矿、南屯煤矿、北宿煤矿和落陵煤矿采煤沉陷区域。

二、中部矿区城市功能开发治理区

（一）区域概况

该区域位于济宁主城区周边，包括任城区、经济技术开发区、济宁高新区和太白湖新区。共涉及 10 个煤矿，分别为济宁二号煤矿、济宁三号煤矿、葛亭煤矿、运河煤矿、岱庄煤矿、何岗煤矿、许厂煤矿、唐口煤矿、新河煤矿和安居煤矿。

（二）区位特征

该区域地处济宁市主城区周边，依据济宁市城市规划，北部片区主要为居住用地，西部片区主要为文教商服用地，东部、南部片区主要为生态旅游用地，主城区周边建设环城生态绿带。

（三）开采和沉陷特点

该区域煤矿沿济宁市主城区四周分布，矿山规模、开采方式、煤层采深和采厚及潜水位情况复杂。北部片区的煤矿以条带开采为主，土地轻度、中度塌陷，大部出现季节性积水；西部片区的煤矿规模小而分散、地表影响周期长，部分区域常年积水；南部片区的济宁二号煤矿、济宁三号煤矿开采规模大、强度大，沉陷区大面积严重积水。

（四）治理定位

围绕城市发展，拓展城市建设空间，构建生态宜居城市，引领城市向沉陷区发展；强化沉陷积水区的蓄水、净化、防洪功能，开发湿地的城市服务功能；结合南四湖旅游开发，建设开放式的历史文化、农业经济以及区域产业等生态旅游区；围绕河道景观，构建休闲、观光、体育、养殖、苗圃等经济与景观复合区；利用资源枯竭煤矿，探索空间与土地资源再利用的途径与模式。

（五）治理方向与模式

主城区周边和高铁交通节点附近的轻度采煤沉陷区，主要营造城市建设用地，为城市发展预留用地空间。同时，利用现有水系和积水沉陷区开发建设湿地、环城水系与生态绿带，为城市发展提供绿色空间和生态补充区。具体可采用住宅小区建设、工业园区建设和矿山公园建设等模式治理，利用充填平整和土地整平法营造城市建设用地。涉及岱庄煤矿东南部、何岗煤矿、许厂煤矿西南部、唐口煤矿东部、济宁二号煤矿西部采煤沉陷区域。

城市周边的中度采煤沉陷区，作为城市潜在发展区，重点营造城市服务功能用地，主要采用城市湿地、生态观光农业等治理模式，通过挖深垫浅、土地平整法治理。靠近运河两侧的采煤塌陷地，可就近利用运河清淤弃土回填造地，建成城市绿地、生态公园和休闲娱乐功能区。涉及岱庄煤矿西北部、安居煤矿北部、济宁二号煤矿东部采煤沉陷区域。

其他重度采煤沉陷区，主要采用人工湿地、平原水库、生态观光农业等治理模式，通过围湖造岸、挖深垫浅、清淤回填、生态治理等措施，重点营造城市湿地和平原水库，拓展湿地的休闲、观光、教育、乡村旅游、雨洪调蓄、水体净化和城市生态补水功能。同时，利用积水区建设光伏电站，提高采煤塌陷地的利用率。涉及葛亭煤矿、运河煤矿、许厂煤矿的东北部、唐口煤矿西部、新河煤矿和济宁三号煤矿北部采煤沉陷区域。

区域西侧的京杭运河、北侧的跃进沟、中部的洸府河、东侧的泗河等河流水系两侧的采煤沉陷区，结合河流水系整治升级，采用城市功能治理、农业观光治理等模式，通过生态修复措施，打造河道带状复合景观带，形成居民活动休闲的滨水空间和天然氧吧。涉及岱庄煤矿、许厂煤矿、唐口煤矿、安居煤矿、济宁二号煤矿、济宁三号煤矿采煤沉陷区域。

三、西北部矿区农业综合治理区

（一）区域概况

该区域位于济宁市东部和北部，包括汶上县东部、嘉祥县北部、任城区北部和兖州区西部。共涉及 10 个煤矿，分别为杨营煤矿、阳城煤矿、义桥煤矿、唐阳煤矿、义能煤矿、新驿煤矿、鲁西煤矿、梁宝寺煤矿、红旗煤矿和宏阳煤矿。

（二）区位特征

该区域的采煤沉陷区多数远离城区，周围交通主干线较少，属于传统农业耕作区，主要种植粮食与经济作物。

（三）开采和沉陷特点

该区域煤矿数量较多、分布零散，且规模小、产能低，多为长壁垮落式开采，采深较大。采煤沉陷区分布零散，北部沉陷区多为季节性积水区，南部沉陷区多为常年积水区。

（四）治理定位

结合国家精准扶贫、新农村建设等惠农政策，围绕县域农业经济发展、基本农田建设和生态乡村建设，发展特色、生态、立体和观光农业。常年积水沉陷区建设平原水库或光伏电站，增强水域的雨洪调蓄能力和提高湿地水域的利用率。

（五）治理方向与模式

对于塌陷程度较轻的非积水区域，采用传统农业和设施农业治理模式，通过表土剥离、划方平整和配套水利设施等进行复垦、复耕。靠近东鱼河沿线的采煤塌陷地，就近利用河道清淤弃土进行充填，以恢复农用地为主，建成高标准农田。治理应充分结合各县特色农业经济，重点发展农产品生产基地和农产品深加工产业，如金乡县大蒜产业、嘉祥县园林苗圃产业、汶上县绿色蔬菜产业、梁山县畜牧养殖产业等。涉及杨营煤矿、阳城煤矿、义桥煤矿、唐阳煤矿、义能煤矿、新驿煤矿、鲁西煤矿、梁宝寺煤矿、红旗煤矿、宏阳煤矿采煤沉陷区域。

塌陷积水的区域，主要采用生态、观光农业和渔业养殖等治理模式，通过沉陷区深部取土填在浅部的方式，筑台田、建鱼池，形成上粮下渔的农业生产格局。水域则发展渔业养殖和水禽养殖，并在此基础上发展采摘、垂钓和农业观光等生态农业经济。其中的大规模积水区，采取围湖造岸、植被景观构建等措施，开展人工湿地、平原水库建设和光伏电站建设，发挥雨洪调蓄、水质净化作用。涉及阳城煤矿、义桥煤矿、唐阳煤矿、新驿煤矿和梁宝寺煤矿采煤沉陷区域。

四、南部矿区湿地保护与特色产业治理区

（一）区域概况

该区域位于济宁市南部，包括任城区南部、金乡县、微山县、鱼台县。共涉及煤矿32个，分别为王楼煤矿、军城煤矿、鹿洼煤矿、泗河煤矿、新安煤矿、岱庄生建煤矿、岱庄生建煤矿湖西矿井、龙固煤矿（境外）、龙东煤矿（境外）、三河尖煤矿（境外）、双合煤矿（在建）、蔡园煤矿、滨湖煤矿（境外）、级索煤矿（境外）、柴里煤矿（境外）、蒋庄煤矿（境外）、姚桥煤矿（境外）、崔庄煤矿、田陈庄煤矿（境外）、欢城煤矿、徐庄煤矿（境外）、高庄煤矿、付村煤矿、三河口煤矿、七五煤矿、孔庄煤矿（境外）、金源煤矿、昭阳煤矿、永胜煤矿、金桥煤矿、花园煤矿、霄云煤矿。

（二）区位特征

该区域的沉陷区沿微山湖及其周边分布，河流水系发达，主要产业为渔业养殖、农业种植和湿地旅游观光。

（三）开采和沉陷特点

该区域煤矿数量多、规模小、产能较低，放顶煤、分层、条带等开采方式并存，采厚变化大，采深较大。大部分煤矿的采煤沉陷区与湖区部分重叠或全部在湖区内，湖区外多数为积水严重沉陷区。

（四）治理定位

围绕微山湖湿地保护、航道河流治理和渔业养殖、生态景观旅游、特色农业的发展，建成防洪、蓄水、净化、养殖、旅游功能区，培育特色养殖、生态立体农业、文化旅游等产业，建设湿地科普基地，建设微山湖国家绿色生态示范区。

（五）治理方向与模式

南四湖湿地保护红线范围内的采煤沉陷区，按照自然保护区规定，采取湿地保护与修复措施，丰富湿地生物的多样性，发展生态观光、休闲度假、渔乡民俗文化、革命传统教育、湿地科普教育等湿地旅游产业。涉及王楼煤矿、军城煤矿、泗河煤矿、新安煤矿、岱庄生建煤矿湖西矿井、双合煤矿（在建）、蔡园煤矿、姚桥煤矿（境外）、崔庄煤矿、徐庄煤矿（境外）、高庄煤矿、付村煤矿、孔庄煤矿（境外）、金源煤矿、昭阳煤矿、永胜煤矿采煤沉陷区域。

南四湖周边的采煤沉陷区，主要采用生态农业、渔业、人工湿地、平原水库等模式，通过挖深垫浅、划方平整法治理，利用丰富的水资源发展高效水培植物种植、养殖产业和湖产加工等特色农副产业，并依托南四湖旅游的辐射作用，开展观光旅游、生态旅游和特色农家游产业，提高湖区的经济水平。部分积水区发展光伏产业，提高湿地水域利用率。靠近运河航道、湖西航道、新万福河沿线的采煤塌陷地，充分利用航道河道清淤弃土进行回填造地，最大限度地恢复为农用地。涉及王楼煤矿、军城煤矿、鹿洼煤矿、泗河煤矿、新安煤矿、滨湖煤矿（境外）、级索煤矿（境外）、岱庄生建煤矿湖西矿井、龙固煤矿（境外）、龙东煤矿（境外）、三河尖煤矿（境外）、蔡园煤矿、姚桥煤矿（境外）、崔庄煤矿、徐庄煤矿（境外）、高庄煤矿、付村煤矿、七五煤矿、孔庄煤矿（境外）、金源煤矿和昭阳煤矿采煤沉陷区域。

城镇工矿周边的采煤沉陷区，采用城市建设、城市湿地、设施农业、观光农业等治理模式，通过充填平整、划方平整、栽培植被等措施治理。靠近万福河沿线的采煤塌陷地，可就近利用河道清淤充填治理，营造城市绿地、湿地公园和休闲娱乐用地，发展旅游观光产业。涉及欢城煤矿、付村煤矿、七五煤矿、金桥煤矿南部和花园煤矿采煤沉陷区域。

离湖区较远的采煤沉陷区，主要采用生态农业、观光农业、人工湿地等治理模式，通过划方平整、挖深垫浅等传统技术方法，最大限度地恢复为农用地，打造上粮下渔、蛋禽养殖的高效生态农业。涉及三河口煤矿、双合煤矿（在建）、柴里煤矿（境外）、蒋庄煤矿（境外）、生建煤矿、田陈庄煤矿（境外）和霄云煤矿采煤沉陷区域。

第五章　规划期重点治理工程与时序安排

第一节　重点工程划分

按照采煤塌陷地已稳沉、治理区相对集中、治理方向相对统一、基础条件较好、不跨越县域的原则,确定规划期(2016—2020 年)的采煤塌陷地治理重点工程。共拟定了治理重点工程项目 23 个,涉及 4 个治理分区和 12 个县(市、区)。东部矿区生态景观治理区 6 个,其中济宁高新区 1 个、兖州区 1 个、曲阜市 1 个、邹城市 3 个。中部矿区城市功能开发治理区 4 个,其中济宁高新区 1 个、任城区 2 个、太白湖新区 1 个。西北部矿区农业综合治理区 5 个,其中兖州区 1 个、嘉祥县 1 个、汶上县 3 个。南部矿区湿地保护与特色产业治理区 8 个,其中任城区 1 个、微山县 4 个、鱼台县 1 个、金乡县 2 个。详见附表 12。

第二节　重点工程布局

一、东部矿区重点治理工程布局

(一) 高新区王因街道采煤塌陷地治理工程

位于济宁高新区东部采煤塌陷地,涉及王因街道办事处和接庄街道办事处,属杨村煤矿、田庄煤矿和太平煤矿矿区。治理规模 325.13 公顷,所需资金 8315 万元。

(二) 兖州区东南部采煤塌陷地治理工程

位于兖州区东南部采煤沉陷区,涉及兴隆庄镇,属杨庄煤矿、杨村煤矿、鲍店煤矿和兴隆庄煤矿矿区。治理规模 907.68 公顷,所需资金 26754

万元。

（三）曲阜市西南部采煤塌陷地治理工程

位于曲阜市陵城镇、时庄镇采煤沉陷区，涉及单家村煤矿、东滩煤矿、兴隆庄煤矿矿区。治理规模900.09公顷，所需资金19239万元。

（四）邹城市西南部采煤塌陷地治理工程

位于邹城市南部的采煤沉陷区，涉及太平镇、唐村镇和北宿镇，属北宿煤矿、落陵煤矿（已闭坑）、唐村煤矿（已闭坑）及南屯煤矿矿区。治理规模1344.25公顷，所需资金29943万元。

（五）邹城市西部采煤塌陷地治理工程

位于邹城市西部的采煤沉陷区，涉及太平镇、中心店镇和北宿镇，属鲍店煤矿、东滩煤矿及南屯煤矿矿区。治理规模365.33公顷，所需资金9206万元。

（六）邹城市中心店镇采煤塌陷地治理工程

位于邹城市北部的采煤沉陷区，涉及中心店镇，属东滩煤矿矿区。治理规模220.03公顷，所需资金4456万元，近期治理。

二、中部矿区重点治理工程布局

（一）高新区西部采煤塌陷地治理工程

位于济宁高新区西部采煤沉陷区，涉及接庄镇、柳行街道办事处，属济宁二号煤矿、许厂煤矿矿区。治理规模651.63公顷，所需资金19402万元。

（二）任城区南张镇采煤塌陷地治理工程

位于任城区西北部采煤沉陷区，涉及南张镇、廿里铺镇和李营镇，属运河煤矿、岱庄煤矿及唐口煤矿矿区。治理规模642.85公顷，所需资金16778万元。

（三）任城区廿里铺镇采煤塌陷地治理工程

位于任城区北部采煤沉陷区，涉及廿里铺镇、长沟镇，属葛亭煤矿、运河煤矿矿区。治理规模474.31公顷，所需资金12380万元。

（四）太白湖新区石桥镇采煤塌陷地治理工程

位于太白湖新区采煤沉陷区，涉及石桥镇和许庄街道办事处，属济宁二号煤矿、济宁三号煤矿矿区。治理规模601.95公顷，所需资金18871万元。

三、西北部矿区重点治理工程布局

（一）兖州区新驿镇采煤塌陷地治理工程

位于兖州区西部采煤沉陷区，涉及新驿镇，属新驿煤矿矿区。治理规模275.42公顷，所需资金5453万元。

（二）嘉祥县梁宝寺镇采煤塌陷地治理工程

位于嘉祥县西北部采煤沉陷区，涉及梁宝寺镇、老僧堂乡、大张楼镇和马村镇，属梁宝寺煤矿矿区。治理规模471.44公顷，所需资金8465万元。

（三）汶上县郭楼镇采煤塌陷地治理工程

位于汶上县西北部采煤沉陷区，涉及郭楼镇，属阳城煤矿矿区。治理规模251.78公顷，所需资金3484万元。

（四）汶上县义桥镇采煤塌陷地治理工程

位于汶上县东部采煤沉陷区，涉及义桥镇，属义桥煤矿矿区。治理规模175.80公顷，所需资金2650万元。

（五）汶上县南站镇采煤塌陷地治理工程

位于汶上县东部采煤沉陷区，涉及南站镇，属唐阳煤矿矿区。治理规模379.32公顷，所需资金5249万元。

四、南部矿区重点治理工程布局

（一）任城区喻屯镇采煤塌陷地治理工程

位于任城区喻屯镇采煤沉陷区，属王楼煤矿矿区。治理规模184.43公顷，所需资金3735万元。

（二）微山县留庄镇采煤塌陷地治理工程

位于微山县留庄镇采煤沉陷区，属新安煤矿矿区。治理规模202.25公顷，所需资金4096万元。

（三）微山县中西部采煤塌陷地治理工程

位于微山县中西部采煤沉陷区，涉及张楼乡、西平乡和赵庙乡，属姚桥煤矿、徐庄煤矿、孔庄煤矿矿区。治理规模273.79公顷，所需资金5544万元。

（四）微山县欢城镇采煤塌陷地治理工程

位于微山县中东部采煤沉陷区，涉及欢城镇和夏镇街道办事处，属蔡园煤矿、柴里煤矿、崔庄煤矿、蒋庄煤矿、岱庄生建煤矿、田陈庄煤矿、欢城煤矿、七五煤矿矿区。治理规模867.42公顷，所需资金16277万元。

（五）微山县付村镇采煤塌陷地治理工程

位于微山县中东部采煤沉陷区，涉及付村镇，属付村煤矿、三河口煤矿矿区。治理规模338.07公顷，所需资金10345万元。

（六）鱼台县北部采煤塌陷地治理工程

位于鱼台县北部采煤沉陷区，涉及张黄镇和清河镇，属鹿洼煤矿矿区。治理规模533.71公顷，所需资金9006万元。

（七）金乡县北部采煤塌陷地治理工程

位于金乡县北部采煤沉陷区，涉及金乡镇、高河乡，属金桥煤矿矿区。治理规模103.17公顷，所需资金3222万元。

（八）金乡县霄云镇采煤塌陷地治理工程

位于金乡县南部采煤沉陷区，涉及霄云镇，属霄云煤矿矿区。治理规模139.25公顷，所需资金2193万元。

第三节　重点工程时间安排

一、历史遗留采煤塌陷地治理工程

规划期（2016—2020年）内，治理历史遗留采煤塌陷地3089.37公顷。其中，2016年治理258.67公顷，2017年治理890.23公顷，2018年治理794.57公顷，2019年治理838.02公顷，2020年治理307.87公顷。详见附表13。

二、煤炭企业采煤塌陷地治理工程

规划期（2016—2020年）内，煤炭企业治理因其生产建设活动形成的稳沉采煤塌陷地7539.73公顷。其中，2016年治理886.81公顷，2017年计划治理1394.76公顷，2018年计划治理1828.55公顷，2019年计划治理1873.92公顷，2020年计划治理1555.69公顷。详见附表14。

第六章　采煤塌陷地治理
工程措施和控制标准

第一节　工　程　措　施

一、划方整平

适用于不积水或局部季节性积水轻度采煤塌陷地的治理，主要是消除附加坡度、地表裂缝以及波浪状下沉等破坏特征对土地利用的影响，采取削高填洼、平整土地、配套水利设施等工程措施，土地整平后即可恢复耕种，并且基本可以保持原有地力。

二、挖深垫浅

适用于季节性积水或局部长年积水中度采煤塌陷地的治理，主要是将造地与挖塘相结合，在塌陷积水区深部取土填在浅部，建鱼池筑台田，形成上粮下渔的治理格局。该法在挖深区挖出的土方量大于或等于垫浅区充填所需的土方量。

三、生态治理

适用于常年积水重度采煤塌陷地的治理，主要是采取围湖造岸、植树种草，实行种植、养殖、加工、旅游综合开发，形成生态农业、生态湿地、生态渔业、旅游观光的立体治理模式。

四、清淤回填

适用于沿河沿湖采煤塌陷地的治理，主要是结合河道、航道清淤工程，利用弃土充填至沉陷区，将其抬高到设计高程，恢复土地的利用价值。该法既可解决弃土占地问题，又可解决治理塌陷地充填物不足的问题，经济效益高，生态效益明显。

五、充填治理

适用于城镇周边采煤塌陷地的治理，主要是将煤矸石、建筑固废充填至沉陷区，治理后的采煤塌陷地可用于建设休闲娱乐聚集区、建材交易市场和城市公园等。该法可有效处置矿山和城市固废物，一方面减少土地压占和环境破坏，另一方面解决了填充物不足的问题，经济、社会和生态效益显著。

六、提前治理

提前治理技术又称"边采边治"技术。在充分考虑地下开采与地表整治措施的耦合前提下，在地表稳沉前选择合适的时机，制定科学的治理方案，提前对即将塌陷或正在塌陷的土地进行治理，在治理后持续保持可利用价值。具体地说，就是在地表破坏发生之前或已发生但未稳沉之前，采取剥离表土、提前充填抬高地表，然后回覆表土，保证稳沉后地表标高与周边基本一致。

第二节　质量控制标准

一、农用地治理质量控制标准

（一）耕地

治理为旱作耕地时，有效土层厚度应大于60 cm，耕层厚度应大于30 cm。采取固废充填治理的，覆土厚度应大于80 cm，耕层厚度应大于30 cm。

田面高差应控制在±5 cm以内，地表高程距地下潜水位埋深应超过0.8 m、应超过常年涝水位0.2 m以上。

道路、电力和灌排设施完善，方便农业生产。排涝标准应达到及时排除10年一遇暴雨。

作物自然生长下的果实有害成分含量应符合《粮食卫生标准》（GB 2715）。

（二）园地

治理为园地时，有效土层厚度应大于50 cm。采取固废充填治理的，覆土厚度应大于80 cm。

地表高程距地下潜水位埋深应超过0.8 m、应超过常年涝水位0.2 m以上。

作物自然生长下的果实有害成分含量应符合《粮食卫生标准》（GB 2715）。

（三）林地

治理为林地时，有效土层厚度应大于30 cm。采取固废充填治理的，覆土厚度应大于80 cm。

符合《造林作业设计规范》（LY/T 1607—2003），种植本地林木成活率应达到85%以上，3年后保存率应达到80%以上。

（四）鱼塘

治理为鱼塘时，鱼塘规模一般控制为3~4公顷为宜，水体深度以2~3 m为宜，长宽比控制在2∶1或3∶2范围内为宜。

配设完善的排灌和电力设施，方便养殖生产。

水质应符合《渔业水质标准》（GB 11607—1989）。

二、生态治理质量控制标准

治理用作平原水库、人工湿地水域和湿地公园等观赏区时，应与区域自然环境相协调，有景观效果。

护坡周围应布置生物护岸措施或工程护岸措施，严格控制水土流失。护坡陡峭或到水面高差较大时，应有安全防范工程措施。

湿地水域之间、湿地与周边河流湖泊应建立连通的水系系统，有完善的排蓄水设施，排水、防洪等设施满足当地标准。

水质符合《地表水环境质量标准》（GB 3838—2002）中Ⅲ、Ⅳ类水质标准。

三、城市功能治理质量控制标准

治理后用于城镇建设的，场地应基本平整，建筑地基标高满足防洪要求。

应进行采动地基稳定性评价，场地地基承载力、变形指标和稳定性指标应符合《建筑地基基础设计规范》（GB 50007），地基抗震性能应满足《建筑抗震设计规范》（GB 50011）要求。

第七章　相关规划衔接

第一节　与城市总体规划衔接

《济宁市城市总体规划（2014—2030年）》中强调生态建设对城市发展的带动，强调促进城市发展动力的多元化，要求构建"双心双环、蓝绿相嵌"的生态结构，计划以泗河两岸采煤沉陷区治理为主体，建设生态、休闲、文化多功能复合"绿心"；以微山湖、太白湖为载体，建设"蓝心"，通过大水面保护、湿地公园建设，改善生态环境。对主城区的发展做了空间和时序方面的详细安排，对土地利用的规模和布局提出了明确要求。"济宁市环城生态绿带概念规划"提出，拟在济宁市主城区周边建设以生态湿地、园林公园、休闲旅游及相关产业为主的城市生态绿带，大幅提升城市的功能和品位，激发发展新活力。有关县（市、区）在城市规划中也制定了城镇建设发展的具体目标。

本规划沿袭了上述城市建设和发展理念，强调通过采煤沉陷区综合整治，通过采煤塌陷地治理项目实施，有效促进市、县、镇三级城市的可持续发展。在规划采煤塌陷地的治理方向和布局时，也充分体现了生态城市建设的重要性，拟定利用现有水系和积水沉陷区为建设济宁环城水系与环城生态绿带奠定基础；重视采煤沉陷区治理的城市服务功能，预留全市各级城市建设空间，提升土地的利用价值，构建宜居环境条件，引领城市围绕采煤沉陷区发展，破解用地瓶颈制约。规划提出的四大治理分区中，均对城市周边沉陷区的治理做了明确安排，对主要水系特别是南四湖、运河、泗河和白马河的自然风貌景观的保护与开发制定了明确目标，全面体现了服务城市建设、服务生态建设的思路，有机对接了各级城市规划和小城镇发展规划。

第二节　与土地利用总体规划衔接

《济宁市土地利用总体规划(2006—2020 年)》提出,济宁市西北部为高效农业土地利用区,中部城镇为综合产业土地利用区,南部为滨湖生态土地利用区。

本规划既与土地利用总体规划保持了高度衔接, 提出的规划治理分区与土地利用总体规划的分区定位切合。在本规划中, 北部治理区以恢复耕地为主要治理方向, 中部治理区以休闲观光旅游为主要治理方向, 南部治理区以生态农业为主要治理方向。同时, 在符合土地利用总体规划基本原则, 严格落实土地用途管制制度, 坚守耕地保护和节约集约用地制度的基础上, 又根据全市各项发展实际需要做了合理安排, 体现了促进矿区多产业协调发展的原则和综合整治与开发利用相结合的理念, 着力提升采煤沉陷区土地利用的综合效益, 服务矿区转型发展。

第三节　与土地整治规划衔接

《济宁市土地整治规划》指出, 大力开展采煤塌陷地治理和生态建设, 按照"宜粮则粮、宜渔则渔、宜林则林、宜建则建"原则, 统筹规划、因地制宜、科学施治, 发展立体高效农业, 建设生态湿地和旅游景观, 建造都市区"绿心", 改善当地生态环境。

本规划把生态保护与修复放在首位, 通过城市湿地构造、人工湿地建设、河道生态廊道构建和生态农业构建, 综合利用工程措施、生物措施, 提高采煤沉陷区治理后的生态功能。在城镇周边开展城市建设和城市服务功能建设, 离城镇较近且交通便利的采煤塌陷地恢复治理后发展生态农业、设施农业均体现了采煤塌陷地因地制宜的土地整治思路。

第四节　与其他规划衔接

(1)《济宁市旅游发展总体规划（2016—2035 年)》提出了"创新、协调、绿色、开发、共享"五大发展理念, 强调发展乡村旅游在促进城乡和谐发展、实现安民富民中的作用。本规划在采煤塌陷地治理中结合历史济宁市文化名城和生态旅游城市建设以及美丽乡村建设，以生态恢复治理为主，营造以湿地为核心的旅游景观和农业观光景观，正是秉承了济宁市旅游规划的五大发展理念，有利于加快社会主义新农村建设和城乡发展一体化进程。

（2）《泗河流域保护与空间利用总体规划（2014—2030年）》提出了"安全泗河、生态泗河、和谐泗河、体验泗河、美丽泗河与文化泗河"的泗河流域整体发展目标。本规划对泗河两岸塌陷地采取带状生态景观构建治理模式，构建带状景观廊道，建设运动、休闲、观光等多功能复合景观带，紧密配合了泗河整体发展目标。

（3）《济宁市现代水网建设规划》提出充分利用济宁市大量采煤塌陷地有效滞蓄雨洪水，加以改造利用，实施"供、蓄、排、保"功能四位一体同步联动的水网建设规划思路，发挥水利工程综合治理效益。本规划将大面积采煤塌陷积水区进行平原水库和湿地开发利用，与水网规划实现了高度衔接。

（4）《济宁市海绵城市专项规划（2016—2030年）》提出了"生态优先，结合沉陷区修复，构筑自然安全格局"：将泗河塌陷地修复区建设为城市生态"绿心"，在紧邻城市的城郊地带开发建设若干城市湿地公园。本规划提出的对泗河附近的采煤塌陷地进行生态治理和城市湿地治理，对城市周边的塌陷积水区重点开发成为城市湿地公园，提升了采煤塌陷地的城市服务功能，本规划的治理方向与《济宁市海绵城市专项规划（2016—2030年）》思路高度一致。

（5）《济宁市采煤塌陷地土地复垦重大工程项目可行性研究报告》提出，本着大区域、大规模、大生态的理念，打破原有零敲碎打的治理方式，集中治理济宁市重点采煤沉陷区。大项目的实施以恢复农用地特别是耕地面积、恢复建设区生态环境为目的，将济宁市的采煤塌陷地治理打造成全国范围内的示范工程。该报告的编制时间为2013年，此后采煤塌陷地治理政策和导向发生重大改变。上级要求采煤塌陷地的治理要突出综合整治、促进多产业协调发展思路，济宁市委、市政府也提出了治理要服务城乡发展、服务生态文明建设、服务产业转型振兴的新要求。因此，大项目的规划设计将根据最新形势和需求进行调整。本规划安排与大项目重合区域的治理时，既充分考虑了大项目坚守耕地保护原则，又根据上级的一系列安排部署，提前对大项目区域的治理方向、治理模式和治理布局进行了完善，确保本规划与调整后的大项目规划设计、市委和市政府的要求一致。

此外，本规划与济宁市泗河综合治理、京杭运河疏浚、新万福河清淤等重大工程紧密结合，在河道两侧的采煤塌陷地充分利用河道清淤弃土进行充填治理，减少清淤弃土占地，实现社会、经济、生态效益的综合统一。

第八章 采煤塌陷地治理资金

第一节 费 用 估 算

一、东部矿区生态景观治理区

该区域以生态恢复治理为主，包括人工湿地、平原水库、开发鱼塘和生态农业建设。规划期（2016—2020 年）内，安排治理工程 6 个，包括高新区王因街道采煤塌陷地治理工程、兖州区东南部采煤塌陷地治理工程、曲阜市西南部采煤塌陷地治理工程、邹城市西南部采煤塌陷地治理工程、邹城市西部采煤塌陷地治理工程、邹城市中心店镇采煤塌陷地治理工程，治理总规模 4062.51 公顷，经估算所需资金约 9.79 亿元。

二、中部矿区城市功能开发治理区

该区域主要采取城市建设与城市功能开发方式治理，包含耕地恢复、生态农业和城市湿地建设等。规划期（2016—2020 年）内，安排治理工程 4 个，包括高新区西部采煤塌陷地治理工程、任城区南张镇采煤塌陷地治理工程、任城区廿里铺镇采煤塌陷地治理工程、太白湖新区石桥镇采煤塌陷地治理工程，治理总规模 2370.74 公顷，经估算所需资金约 6.74 亿元。

三、西北部矿区农业综合治理区

该区域以生态农业治理为主，主要以恢复农用地为治理目标，采用传统治理方式和运河清淤充填治理方式。规划期（2016—2020 年）内，安排治理工程 5 个，包括汶上县郭楼镇采煤塌陷地治理工程、汶上县义桥镇采煤塌陷地治理工程、汶上县南站镇采煤塌陷地治理工程、兖州区新驿镇采煤塌陷地治理工程、嘉祥县梁宝寺镇采煤塌陷地治理工程，治理总规模 1553.76 公顷，经估算所需资金约 2.53 亿元。

四、南部矿区湿地保护与特色产业治理区

该区域以生态治理为主，主要采用传统的挖深垫浅结合航道运河清淤充填治理。规划期（2016—2020 年）内，安排治理工程 8 个，包括任城区喻屯镇采煤塌陷地治理工程、微山县留庄镇采煤塌陷地治理工程、微山县中西部采煤塌陷地治理工程、微山县欢城镇采煤塌陷地治理工程、微山县付村镇采煤塌陷地治理工程、鱼台县北部采煤塌陷地治理工程、金乡县北部采煤塌陷地治理工程、金乡县霄云镇采煤塌陷地治理工程，工程治理规模 2642.08 公顷，经估算所需资金约 5.44 亿元。

五、治理总投资

规划期（2016—2020 年）内，全市采煤塌陷地治理总规模为 10629.09 公顷，根据土地综合整治等项目费用标准，结合济宁市治理工作实际估算，所需资金约 24.51 亿元（附表 12）。其中，历史遗留采煤塌陷规模为 3089.37 公顷，主要由各级财政投入，需资金约为 7.22 亿元（附表 13）；煤炭生产企业依法履行土地复垦义务，治理采煤塌陷地规模为 7539.73 公顷，共需资金约 17.29 亿元（附表 14）。

展望期（2021—2030 年）内，全市采煤塌陷地治理总规模为 18307.29 公顷，需资金约 42.21 亿元。其中，治理历史遗留塌陷地面积 1673.23 公顷，需资金约为 3.91 亿元；煤炭生产企业依法履行土地复垦义务，治理采煤塌陷地规模为 16634.06 公顷，需资金约 38.30 亿元。

第二节　资　金　来　源

一、政府财政投入

国务院《土地复垦条例》和济宁市 180 号文件规定，历史遗留采煤塌陷地治理责任人为县级和县级以上人民政府。资金主要有下列来源：①国家和省下达的涉及采煤塌陷区综合整治相关资金，包括土地综合整治、生态环境修复、农业综合开发、小农水建设和资源型城市转型发展相关资金；②市、县两级财政列入预算的采煤塌陷地治理专项资金或建立的基金，主要从涉农、涉地和涉矿资金中整合，也包括煤炭企业委托地方政府代为治理缴纳的土地复垦费；③通过科学规划和综合整治产生的国家规划资源收益。

二、煤炭企业投入

1. 土地复垦费用

按照《土地复垦条例实施办法》（国土资源部令第 56 号）规定，煤炭企业应在与采煤塌陷土地所在地县级国土资源部门双方约定的银行建立土地复垦费用账户，按照土地复垦方案确定的资金数额预存土地复垦费用。

2. 土地平整费用

针对部分塌陷程度较轻，生产设施可正常使用，土地小幅平整后即可恢复耕种的，由煤炭企业直接向土地所有人、使用人支付的土地平整费用。

3. 采煤塌陷地综合治理费

《山东省采煤塌陷地综合整治工作方案》（鲁政办字〔2015〕180 号）规定，允许煤炭企业按照销售收入的 2% ~5% 预提的用于采煤塌陷地治理的费用。煤炭企业已经缴纳的土地复垦费、支付的土地平整费也整合在此项费用中统筹使用。

4. 矿山地质环境治理恢复保证金

目前，矿山地质环境治理恢复保证金制度已经取消。煤炭企业在该制度取消前缴纳的保证金，按照省、市有关规定已进行分类处理。

三、社会实体投入

通过制定采煤塌陷区土地综合整治和开发利用方面的政策，提升治理后土地利用的经济效益，并配套完善的税收、用地等引导性政策，吸引社会经营实体投入资金进行治理。采取政府财政出资与社会资本合作，即"PPP"模式进行治理，拓宽资金来源渠道。此外，可利用国家扶持区域发展的金融产品优惠政策，通过贷款等方式融资治理。

第三节　规划实施的效益分析

一、社会效益

（1）恢复大量有效耕地，有利于坚守耕地保护红线，保证区域粮食安全。同时，保住了群众的生存之本——耕地，保障了其合法权益，解决后顾之忧，能够稳定民心，维护社会的和谐稳定，有利于提升党和政府的良好形象，进一步密切党群关系和干群关系。

（2）科学规划采煤沉陷区土地利用的结构和布局，实现多产业协调发展，有利于农业结构调整和"三农"问题的解决，助推矿区转型和产业振兴。对城镇周边采煤沉陷区的综合整治和开发利用，有利于提升城镇的功能、品位，改善发展空间，破解用地制约。

（3）通过采煤塌陷地治理重点工程项目的实施，可促进采煤沉陷区农业、水利、交通和电力等基础设施水平的提升，形成完善的生产、生活和经营服务体系，切实增加对当地经济、社会发展的保障能力，形成良性循环，增加发展潜力，激发区域发展新活力，有利于推进城乡一体化进程。

二、生态效益

（1）通过综合整治中的生态和环境保护工程，显著提升矿区及周边的生态环境，增加环境容量指数。生态湿地、林网植被、生态农业和绿心绿带体系的构建，可充分净化水质、净化大气、净化环境，改善区域小气候，彻底改变采煤矿区污水四溢、粉尘飞扬、杂草丛生、人畜难以靠近的恶劣景象，重现碧水蓝天，重回宜居环境，形成良好稳定的生态系统。

（2）通过生态治理和其他治理项目中的生态工程措施，采煤矿区植被覆盖率将大幅提高，水体、土体质量将有明显提升，优良的自然环境将吸引周边动物群落的回迁，原生微生物群落也将重新构建，区域内物质与能量的流动将恢复到正常水平，生物群落达到动态平衡。

（3）通过土地平整、水利工程、道路工程、农田防护林、水源涵养等工程措施的实施，采煤沉陷区内的水土流失将得到缓减，对病虫害和风沙、旱涝等自然灾害的抵御能力将稳步增强，提升土地生产力，形成有利于农业生产的生态环境。

三、经济效益

（1）规划期内治理稳沉采煤塌陷地 10629.09 公顷，按照玉米、小麦轮作种植，测算每公顷每年产值可达 3.15 万元，治理后年总产值可达 3.35 亿元，比治理前土地收益大大提高。

（2）促进农业结构优化，传统农业将向高效现代农业转变，平均每年每公顷增收 15 万元以上，按转变率 30% 计算，每年将增收 4.78 亿元。同时，随着采煤沉陷区生态环境和土地利用条件的根本改善，区域内土地将显著增值。

第九章　规划实施环境影响评价

第一节　现　状　与　问　题

一、农业及农业生产影响

采煤塌陷区对农业生产的影响十分严重。根据采煤塌陷区对现状地类破坏面积的调查统计，农用地特别是耕地的破坏面积所占比重最大。破坏主要表现为塌陷造成地面坡度加剧，水土流失、土壤沙化加快加重，土壤肥力下降，土壤质量退化，部分区域常年积水，作物大面积减产、绝产或根本无法耕种。另外，田间排灌、道路、电力等基础设施也遭受不同程度的破坏，农民生产成本不断增加，农业效益锐减。

二、地表建（构）筑物影响

济宁市地下煤炭资源分布范围较广，有很多村庄、工矿甚至城镇处在煤炭矿区范围内。由于煤炭大规模开采，地表大范围塌陷，矿区内的村庄、交通、水利和电力等地表建（构）筑物及部分城镇建筑物出现了不同程度的损坏，主要表现为房屋墙体开裂、道路起伏变形、堤坝出现裂缝、通信和输电线路歪斜甚至中断，严重影响了村民的生产、生活。

三、生态及居住环境影响

济宁市因煤炭禀赋好、煤层厚，开采后大多塌陷严重，大部分区域深度超过 3 m，有些地段常年积水，地上地下水系发生改变，地表生态系统遭受严重破坏。一些塌陷地即使经过治理基本恢复地表平整，但土壤土质和植被的生态群落已无法达到原有水平，实现良性循环尚需较长的修复时间。另外，采煤固体废弃物和外排废水污染也很严重，对矿区水体、土壤、大气的污染十分明显。

第二节　规划实施对生态环境的有利影响

一、有利于修复农业生态

本规划对农用地的整治措施主要有：①平整土地恢复耕种，防止水土持续流失，保证有效耕地的规模；②配套建设农业生产服务设施，保证耕种土地正产生产；③采取生物、化学和物理措施，逐步修复土壤微生态和性状，保证耕地质量；适当建设坑塘水平，发展养殖业，涵养水源，改善区域小环境。因此，农业生产条件得到极大提高，农业生态环境将得到根本改善，耕地原有耕作能力得以恢复甚至增产。

二、有利于改善区域生态环境

通过建设生态农业区、湿地旅游区、园林休闲区、绿带绿心区、水资源调蓄净化区，将解决传统采煤矿区脏、乱、差的问题，创建绿、亮、清的环境，有利于美丽济宁、美丽乡村建设，有利于城乡统筹发展，有利于生态文明提升。随着采煤塌陷地治理重点项目的实施，煤矸石山、城乡固废等将作为填充物深埋，解决了遇雨排污、遇风扬尘的问题；平原水库、湿地公园的建设净化了水源，美化了环境，因煤污染的土地和河湖逐步恢复清洁；植被覆盖率、深林覆盖率稳步提高，生物多样性逐步改良，生态子系统良性互动，将形成宜农、宜建、宜居和宜发展的生态环境，实现人与自然、发展与环境友好关系。

第三节　规划实施对生态环境的不利影响

一、改变局部治理区生物环境

本次规划的核心内容是对采煤塌陷地进行综合整治和开发利用。这在一定程度上会改变部分土地利用性质，破坏地质地貌和生物群落，打破原生生态和自然环境，对治理区范围内的动植物及微生物的生长、分布、栖息和活动产生不利影响。

二、施工可能引发环境影响

采煤塌陷地治理过程中，可能因施工管理不当，造成新的环境问题。如抽排积水、运输填土、剥离堆积表土和机械平整土地等工程开展时，有可能对周边河流水面、土壤质地以及大气环境产生一定负面影响。

三、导致生态景观格局改变

采煤塌陷地的综合整治是对原有地表采矿损毁景观的一次重新构建，将导致原有生态景观格局的改变（因大规模、整体性治理，治理区域间有未塌陷地带将一并进行整治）。

第四节　潜在不良环境影响的应对措施

一、生物多样性减少的减缓措施

增施有机肥或者种植绿肥，增加土壤有机质含量，减缓因土地平整造成的影响；合理设置排水沟，部分排水沟渠不加衬砌，增加地下水渗漏，保证一定数量的亲水生物的存活；在沟渠与道路相交处合理设置涵管、过路桥等水工建筑，为动物迁徙提供通道；道路、沟渠、河流等线状工程两侧设置植被带，形成生态廊道，减少对生物多样性的影响。

二、造成新环境问题的减缓措施

具体项目科学规划设计，灌排走向合理，强化环保措施，土方剥离、运输、堆放、推平注意防尘。加强施工管理，严格按相关规定组织施工，加大对施工、监理等有关单位的监督、检查力度，确保各方严格落实各项环保规定。

三、造成生态景观改变的减缓措施

充分认知治理区的地域景观特征和价值，保护由土壤、气候、水文、覆被、野生动植物及其栖息地、土地利用时空格局、房屋与住宅等相互作用组成的自然和文化形态，提高治理规划的生态环境保护和景观设计意识，对村、地、水、景一并治理，重新构建新的人文和生态格局。具体项目实施时，各种治理模式都要注重生态景观的合理布设，实现经济效益和生态效益有机结合，将原生生态景观提升为更高层次生态景观。同时，对遭受破坏程度较轻的区域，在治理中以恢复原貌为主，尊重历史，尊重传统，尽量减轻因治理对原生生态景观的改变。

第十章　规划实施保障措施

第一节　组　织　措　施

建立政府主导、国土搭台、部门合作、公众参与的工作体制，落实采煤塌陷地治理共同责任，形成凝聚全社会共识、力量与资源进行治理的格局。健全和强化各级采煤塌陷地治理专管机构及职能，专司统筹推进采煤塌陷地综合治理工作，切实将规划落在实处。建立完善目标责任体系，市、县、乡三级应层层签订目标责任书，进行年度量化考核，尤其要增强乡镇政府责任和职能，保障规划的顺利实施。健全完善配套政策，出台全方位的引导措施，推动采煤塌陷地综合整治和开发利用工作，实现规划提出的因地制宜、综合整治、协调发展的目标。

第二节　宣　传　措　施

充分利用广播、电视、网络、报纸等新闻媒体，加大宣传力度，形成社会共识，凝聚各界力量。推动县、乡政府开展面对面宣传，组织走访，进村入户，讲解政策和效益，推动群众自觉拥护治理。开办煤炭企业培训班，宣讲法规政策，明确法定治理责任和义务，增强社会责任意识，主动开展治理。

第三节　监　管　措　施

充分利用好"济宁市采煤塌陷地动态监管系统"，督促煤炭企业定期向主管部门报告情况，及时掌握土地资源损毁和采煤塌陷地治理情况，定期发布监测结果。建立采煤塌陷地治理质量控制制度，从立项、实施、变更到验收加强管理，提出定量、定性指标，确保治理一个、成功一个、群众满意一个。建立严格执法监管机制，市、县两级政府组织相关部门研究制定联动执法机制，监督煤炭企业严格执行上级有关规定，严格履行采煤塌陷地治理义务。同时，研究切实可行、执行效果好的激励惩治措施，提高煤炭企业自觉治理采煤塌陷地的积极性。

第四节　资金保障措施

（1）济宁市政府及各相关部门要积极争取上级扶持资金，并将争取的不同渠道的资金按照分账管理、各计其效的原则进行整合，整体包装投入治理项目。

（2）按照"谁破坏、谁治理"的原则，督促煤炭企业支付采煤塌陷地治理费用。能够直接用于采煤塌陷地治理的地质环境保证金，以采煤塌陷地治理项目使用；其他以地质环境恢复治理项目使用；按照规定预提采煤塌陷地综合治理费用，并纳入政府监管范围；按照土地复垦方案确定的预算，预存土地复垦费用等。

（3）引入市场机制，调动多方面积极性，引导社会资金投入采煤塌陷地治理工作。

第五节　实施措施

严格以济宁市采煤塌陷地治理规划作为依据，编制有针对性的各种规划和设计方案，包括编制各个县、市、区的治理规划，编制各个煤矿企业的采煤塌陷地治理规划、矿山地质环境保护与土地复垦方案，编制采煤塌陷地治理重点项目的设计方案等。

附　　　录

附表1　济宁市采煤沉陷区现状汇总表（2015年）

公顷

序号	行 政 区	采煤沉陷区面积		采煤塌陷地面积
		总面积	积水面积	
1	济宁高新区	4870.23	451.50	4288.89
2	任城区	7360.54	205.76	5126.59
3	经济技术开发区	28.28	0	10.13
4	太白湖新区	3485.96	1020.72	2929.09
5	兖州区	5137.25	1095.92	4467.03
6	曲阜市	4106.22	456.90	3003.20
7	邹城市	8702.20	1257.20	7801.31
8	微山县	10797.94	4750.39	9657.78
9	鱼台县	985.76	451.52	879.51
10	金乡县	1071.89	50.34	606.04
11	嘉祥县	2581.81	28.44	1250.96
12	汶上县	1543.23	14.16	1219.33
13	梁山县	202.48	0	38.41
	合计	50873.78	9782.84	41278.26

表格说明：采煤沉陷区内的积水区全部计为采煤塌陷地。

附表 2 济宁市采煤沉陷区损毁地类汇总表 (2015 年)

公顷

序号	行政区	耕地	园地	林地	草地	城镇村及工矿用地	交通运输用地	水域及水利设施用地	其他土地	总计
1	济宁高新区	3672.17	16.89	65.53	54.05	60.41	264.45	713.27	23.46	4870.23
2	任城区	5448.18	35.31	64.01	33.88	123.53	966.50	638.04	51.09	7360.54
3	经济技术开发区	27.20	0	0.19	0	0.01	0	0.88	0	28.28
4	太白湖新区	2136.14	22.73	2.80	7.34	51.52	198.64	1047.77	19.02	3485.96
5	兖州市	2824.57	36.14	291.92	0	170.05	522.89	938.37	343.24	5127.17
6	曲阜市	2907.13	57.82	158.83	0	66.56	432.29	462.20	21.13	4105.96
7	邹城市	4874.60	90.73	855.01	86.88	277.53	896.74	1533.26	97.78	8712.54
8	微山县	3160.58	39.66	470.10	26.29	74.86	516.88	6462.16	47.41	10797.94
9	鱼台县	371.17	2.03	10.11	1.59	2.34	31.21	538.73	28.58	985.76
10	金乡县	593.18	12.36	14.22	0	13.79	205.80	216.97	15.58	1071.89
11	嘉祥县	1933.34	3.60	29.14	0	19.43	516.70	59.19	20.40	2581.81
12	汶上县	1389.09	0.91	39.43	0	3.10	27.53	76.64	6.52	1543.23
13	梁山县	156.91	0	0.11	0	0	33.78	7.39	4.29	202.48
	合计	29494.27	318.17	2001.40	210.02	4613.39	863.16	12694.87	678.50	50873.78

附表 3　济宁市采煤塌陷地损毁地类汇总表（2015 年）

公顷

序号	行政区	耕地	园地	林地	草地	城镇村及工矿用地	交通运输用地	水域及水利设施用地	其他土地	总计
1	济宁高新区	3139.90	7.40	51.36	49.84	264.45	60.41	698.48	17.04	4288.89
2	任城区	3378.09	15.49	43.23	18.88	966.50	123.53	559.65	21.21	5126.59
3	经济技术开发区	9.13	0	0.10	0	0	0.01	0.88	0	10.13
4	太白湖新区	1650.84	17.17	2.18	6.75	198.64	51.52	992.55	9.43	2929.09
5	兖州区	2293.42	29.04	188.16	0.00	523.20	170.05	934.30	328.86	4467.03
6	曲阜市	1920.76	46.61	75.45	0.00	432.29	66.56	453.60	7.94	3003.20
7	邹城市	4115.57	76.49	751.93	86.88	896.43	277.53	1519.06	77.42	7801.31
8	微山县	2469.80	37.71	263.60	12.08	516.88	74.86	6254.06	28.79	9657.78
9	鱼台县	292.60	0.33	3.27	1.36	31.21	2.34	520.90	27.51	879.51
10	金乡县	171.14	5.46	2.32	0	205.80	13.79	205.27	2.26	606.04
11	嘉祥县	661.04	1.25	7.20	0	516.70	19.43	36.60	8.74	1250.96
12	汶上县	1076.47	0	35.47	0	27.53	3.10	72.42	4.33	1219.33
13	梁山县	0	0	0	0	33.78	0	4.63	0	38.41
	合计	21178.76	236.96	1424.27	175.80	4613.39	863.16	12252.38	533.53	41278.26

附表4　济宁市历史遗留采煤塌陷地汇总表

序号	行政区	历史遗留塌陷地面积/公顷	占比/%
1	济宁高新区	558.98	6.65
2	太白湖新区	427.69	5.09
3	兖州区	1311.11	15.60
4	曲阜市	717.03	8.53
5	邹城市	4058.40	48.29
6	微山县	1289.81	15.35
7	鱼台县	40.71	0.48
	合计	8403.73	100.00

附表5　济宁市完成治理采煤塌陷地汇总表（2015年）

序号	行政区	治理采煤塌陷地总面积/公顷	含历史遗留塌陷地面积/公顷	投资金额/万元
1	济宁高新区	2573.29	398.73	14348
2	任城区	1434.55	0	10150
3	太白湖新区	2081.07	0	55124
4	兖州区	1266.09	558.78	12003
5	曲阜市	1076.26	430.50	11090
6	邹城市	4492.29	1984.63	116287
7	微山县	1514.19	268.50	8921
8	鱼台县	272.29	0	4280
9	金乡县	134.24	0	2227
10	嘉祥县	24.62	0	674
11	汶上县	138.24	0	1967
	合计	15007.14	3641.14	237071

附表6 济宁市采煤沉陷区面积分阶段预测表

公顷

序号	行政区	2020年采煤沉陷区面积			2030年采煤沉陷区面积
		总面积	采煤塌陷地	稳沉采煤塌陷地	
1	济宁高新区	5400.05	4507.30	4275.58	5523.04
2	任城区	11212.44	8295.75	3719.15	12697.27
3	经济技术开发区	43.59	23.78	0	43.59
4	太白湖新区	3899.88	3761.67	2770.00	5447.18
5	兖州区	6376.56	5399.91	3387.40	7702.84
6	曲阜市	4668.90	3471.74	2512.91	5672.62
7	邹城市	9453.45	8864.66	6766.42	10515.90
8	微山县	12722.08	11730.25	4379.29	17605.90
9	鱼台县	1435.77	1234.88	922.99	1812.77
10	金乡县	1629.05	1022.07	861.05	1884.55
11	嘉祥县	3782.54	2067.70	1028.43	5480.39
12	汶上县	2930.39	1834.78	1305.62	4949.96
13	梁山县	202.48	38.41	38.41	279.26
	合计	63757.18	52252.90	31967.26	79615.27

附表 7　济宁市采煤塌陷损毁程度预测表（2020 年）

公顷

序号	行政区	采煤沉陷区				采煤塌陷地			
		轻度塌陷	中度塌陷	重度塌陷	小计	轻度塌陷	中度塌陷	重度塌陷	小计
1	济宁高新区	2447.13	1642.48	1310.45	5400.05	1554.37	1642.48	1310.45	4507.30
2	任城区	5735.92	3525.23	1951.29	11212.44	2819.23	3525.23	1951.29	8295.75
3	经济技术开发区	32.88	10.69	0.02	43.59	13.08	10.69	0.02	23.78
4	太白湖新区	394.67	1879.00	1626.21	3899.88	256.46	1879.00	1626.21	3761.67
5	兖州区	1903.00	2236.11	2237.45	6376.56	926.35	2236.11	2237.45	5399.91
6	曲阜市	2318.90	1591.84	758.16	4668.90	1121.74	1591.84	758.16	3471.74
7	邹城市	3923.44	2796.12	2733.88	9453.45	3334.65	2796.12	2733.88	8864.66
8	微山县	4232.93	1791.38	6697.77	12722.08	3241.11	1791.38	6697.77	11730.25
9	鱼台县	677.66	244.39	513.73	1435.77	476.77	244.39	513.73	1234.88
10	金乡县	1325.90	234.93	68.23	1629.05	718.91	234.93	68.23	1022.07
11	嘉祥县	2579.68	930.04	272.82	3782.54	864.84	930.04	272.82	2067.70
12	汶上县	1953.21	777.17	200.01	2930.39	857.60	777.17	200.01	1834.78
13	梁山县	202.48	0	0	202.48	38.41	0	0	38.41
	合计	27727.80	17659.37	18370.01	63757.18	16223.52	17659.37	18370.01	52252.90

表格说明：轻度塌陷为地表垂直下沉幅度小于或等于 1 m 的区域；中度塌陷为地表垂直下沉幅度大于 1 m 且小于或等于 3 m 的区域；重度塌陷为地表垂直下沉幅度大于 3 m 的区域。

附表8 济宁市采煤沉陷区损毁地类预测表（2020年）

公顷

序号	行政区	耕地	园地	林地	草地	城镇村及工矿用地	交通运输用地	水域及水利设施用地	其他土地	总计
1	济宁高新区	4045.44	17.31	99.31	55.10	323.18	72.01	755.08	32.63	5400.05
2	任城区	8026.30	53.41	90.25	41.88	1752.66	227.20	925.46	95.28	11212.44
3	经济技术开发区	42.50	0	0.19	0	0	0.01	0.88	0	43.59
4	太白湖新区	2213.14	22.73	36.74	17.81	234.57	60.81	1292.68	21.39	3899.88
5	兖州市	3704.43	44.90	384.91	0	737.74	198.40	948.86	357.33	6376.56
6	曲阜市	3325.58	63.29	191.63	0	524.03	71.42	466.93	26.02	4668.90
7	邹城市	5370.47	95.21	887.43	92.11	1057.04	303.47	1548.46	99.27	9453.45
8	微山县	4027.83	40.49	605.38	27.18	1081.01	122.29	6759.75	58.16	12722.08
9	鱼台县	648.99	3.50	21.18	6.29	129.35	12.30	571.55	42.62	1435.77
10	金乡县	941.46	12.77	30.28	0	360.38	20.89	245.97	17.29	1629.05
11	嘉祥县	2927.48	4.10	36.51	0	667.08	25.11	90.52	31.73	3782.54
12	汶上县	2467.09	2.45	96.59	0	243.90	11.00	100.52	8.84	2930.39
13	梁山县	156.91	0	0.11	0	33.78	0	7.39	4.29	202.48
	合计	37897.62	360.16	2480.50	240.37	7144.72	1124.91	13714.04	794.86	63757.18

附表9　济宁市采煤塌陷地损毁地类预测表（2020 年）

公顷

序号	行政区	耕地	园地	林地	草地	城镇村及工矿用地	交通运输用地	水域及水利设施用地	其他土地	总计
1	济宁高新区	3205.61	14.93	73.09	55.10	323.18	71.84	739.85	23.70	4507.30
2	任城区	5321.91	18.49	59.92	41.88	1752.66	218.93	837.88	44.08	8295.75
3	经济技术开发区	22.72	0	0.19	0	0	0	0.88	0	23.78
4	太白湖新区	2152.33	22.73	14.80	17.81	234.57	58.80	1240.74	19.89	3761.67
5	兖州区	2857.44	38.65	289.33	0	737.74	186.97	943.71	346.08	5399.91
6	曲阜市	2248.32	52.39	108.67	0	524.03	71.42	457.17	9.74	3471.74
7	邹城市	4869.92	90.65	835.49	92.11	1057.04	297.00	1536.47	85.98	8864.66
8	微山县	3281.84	38.77	507.37	27.18	1081.01	118.92	6631.41	43.76	11730.25
9	鱼台县	476.08	3.06	14.66	6.29	129.35	12.25	553.28	39.91	1234.88
10	金乡县	403.08	8.43	7.56	0	360.38	15.48	224.46	2.67	1022.07
11	嘉祥县	1277.95	1.41	16.43	0	667.08	23.56	62.35	18.92	2067.70
12	汶上县	1426.99	0.12	58.95	0	243.90	9.94	90.35	4.52	1834.78
13	梁山县	0	0	0	0	33.78	0	4.63	0	38.41
	合计	27544.20	289.62	1986.46	240.37	7144.72	1085.10	13323.18	639.25	52252.90

附表10 济宁市稳沉采煤塌陷地面积预测表（2020年）

公顷

序号	行政区	稳沉采煤沉陷区	稳沉采煤塌陷地
1	济宁高新区	5146.74	4275.58
2	任城区	4881.53	3719.15
3	太白湖新区	2855.61	2770.00
4	兖州区	3845.29	3387.40
5	曲阜市	3349.25	2512.91
6	邹城市	7151.57	6766.42
7	微山县	4671.14	4379.29
8	鱼台县	992.57	922.99
9	金乡县	1364.46	861.05
10	嘉祥县	1163.55	1028.43
11	汶上县	1912.29	1305.62
12	梁山县	202.48	38.41
	合计	37536.47	31967.26

附表11 济宁市采煤塌陷地治理任务表（2020年）

公顷

序号	行政区	治理任务	企业治理	政府治理
1	济宁高新区	976.76	870.42	106.34
2	任城区	1301.59	1301.59	0
3	太白湖新区	601.95	407.57	194.38
4	兖州区	1183.10	898.49	284.62
5	曲阜市	900.09	772.65	127.44
6	邹城市	1929.61	469.67	1459.94
7	鱼台县	533.71	493.00	40.71
8	微山县	1681.53	805.58	875.95
9	金乡县	242.42	242.42	0
10	嘉祥县	471.44	471.44	0
11	汶上县	806.90	806.90	0
	合计	10629.09	7539.73	3089.37

附表 12　济宁市采煤塌陷地治理重点工程汇总表（2020 年）

序号	片区	行政区	重点工程名称	治理规模/公顷	治理费用/万元
1	东部矿区 生态景观治理区	济宁高新区	高新区王因街道采煤塌陷地治理工程	325.13	8315
2		兖州区	兖州区东南部采煤塌陷地治理工程	907.68	26754
3		曲阜市	曲阜市西南部采煤塌陷地治理工程	900.09	19239
4		邹城市	邹城市西南部采煤塌陷地治理工程	1344.25	29943
5			邹城市西部采煤塌陷地治理工程	365.33	9206
6			邹城市中心店镇采煤塌陷地治理工程	220.03	4456
			小计	4062.51	97914
7	中部矿区 城市功能开发治理区	济宁高新区	高新区西部采煤塌陷地治理工程	651.63	19402
8		任城区	任城区南张镇采煤塌陷地治理工程	642.85	16778
9		任城区	任城区廿里铺镇采煤塌陷地治理工程	474.31	12380
10		太白湖新区	太白湖新区石桥镇采煤塌陷地治理工程	601.95	18871
			小计	2370.74	67431
11	西北部矿区 农业综合治理区	兖州区	兖州区新驿镇采煤塌陷地治理工程	275.42	5453
12		嘉祥县	嘉祥县梁宝寺镇采煤塌陷地治理工程	471.44	8465

附表 12（续）

序号	片区	行政区	重点工程名称	治理规模/公顷	治理费用/万元
13	西北部矿区农业综合治理区	汶上县	汶上县郭楼镇采煤塌陷地治理工程	251.78	3484
14			汶上县义桥镇采煤塌陷地治理工程	175.80	2650
15			汶上县南站镇采煤塌陷地治理工程	379.32	5249
			小计	1553.76	25301
16	南部矿区湿地保护与特色产业治理区	任城区	任城区喻屯镇采煤塌陷地治理工程	184.43	3735
17		微山县	微山县留庄镇采煤塌陷地治理工程	202.25	4096
18			微山县中西部采煤塌陷地治理工程	273.79	5544
19			微山县欢城镇采煤塌陷地治理工程	867.42	16277
20			微山县付村镇采煤塌陷地治理工程	338.07	10345
21		鱼台县	鱼台县北部采煤塌陷地治理工程	533.71	9006
22		金乡县	金乡县北部采煤塌陷地治理工程	103.17	3222
23			金乡县霄云镇采煤塌陷地治理工程	139.25	2193
			小计	2642.08	54418
		合计		10629.09	245064

表格说明：重点工程是依据塌陷地已稳沉、治理方向相对集中、治理区相对统一、治理方向相对统一、基础条件较好、不跨越县域的原则划分的重点治理区域，塌陷地具体治理项目不限定于重点工程区范围内，工程区外符合治理条件的采煤塌陷地也可布置治理项目，下同。

附表13　济宁市历史遗留采煤塌陷地治理工程时间安排表（2020年）

序号	行政区	重点工程名称	规模/公顷	费用/万元	年度治理规模/公顷				
					2016年	2017年	2018年	2019年	2020年
1	济宁高新区	高新区王因街道采煤塌陷地治理工程	71.23	1822	0	0	23.74	23.74	23.74
2		高新区西部采煤塌陷地治理工程	35.11	1045	0	35.11	0	0	0
		小计	106.34	2867	0	35.11	23.74	23.74	23.74
3	太白湖新区	太白湖新区石桥镇采煤塌陷地治理工程	194.38	6094	0	180.00	14.38	0	0
4	兖州区	兖州区东南部采煤塌陷地治理工程	284.62	8389	0	0	0	116.45	168.17
5	曲阜市	曲阜市西南部采煤塌陷地治理工程	127.44	2724	0	0	127.44	0	0
6		邹城市西南部采煤塌陷地治理工程	1304.25	29052	258.67	300.00	300.00	445.58	0
7	邹城市	邹城市西部采煤塌陷地治理工程	155.69	3923	0	0	51.90	51.90	51.90
		小计	1459.94	32976	258.67	300.00	351.90	497.48	51.90
8	微山县	微山县中西部采煤塌陷地治理工程	256.25	5189	0	64.06	64.06	64.06	64.06
9		微山县欢城镇采煤塌陷地治理工程	483.40	9071	0	270.35	213.05	0	0
10		微山县付村镇采煤塌陷地治理工程	136.29	4171	0	0	0	136.29	0
		小计	875.95	18431	0	334.42	277.11	200.35	64.06
11	鱼台县	鱼台县北部采煤塌陷地治理工程	40.71	687	0	40.71	0	0	0
		合计	3089.37	72167	258.67	890.23	794.57	838.02	307.87

附表14 济宁市煤炭企业采煤塌陷地治理工程时间安排表 (2020 年)

序号	行政区	重点工程名称	治理规模/公顷	治理费用/万元	年度治理规模/公顷					
					2016 年	2017 年	2018 年	2019 年	2020 年
1	济宁高新区	高新区王因街道采煤塌陷地治理工程	253.90	6494	0	84.63	84.63	84.63	0
2		高新区西部采煤塌陷地治理工程	616.52	18357	0	0	184.96	184.96	246.61
		小计	870.42	24850	0	84.63	269.59	269.59	246.61
3	任城区	任城区南张镇采煤塌陷地治理工程	642.85	16778	0	160.71	160.71	160.71	160.71
4		任城区甘里铺镇采煤塌陷地治理工程	474.31	12380	0	118.58	118.58	118.58	118.58
5		任城区喻屯镇采煤塌陷地治理工程	184.43	3735	78.37	0	35.35	35.35	35.35
		小计	1301.59	32893	78.37	279.29	314.64	314.64	314.64
6	太白湖新区	太白湖新区石桥镇采煤塌陷地治理工程	407.57	12777	0	0	135.86	135.86	135.86
7	兖州区	兖州区东南部采煤塌陷地治理工程	623.06	18365	130.53	123.13	123.13	123.13	123.13
8		兖州区新驿镇采煤塌陷地治理工程	275.42	5453	0	91.81	91.81	91.81	0
		小计	898.49	23818	130.53	214.94	214.94	214.94	123.13
9	曲阜市	曲阜市西南部采煤塌陷地治理工程	772.65	16515	0	193.16	193.16	193.16	193.16
10	邹城市	邹城市西南部采煤塌陷地治理工程	40.00	891	0	10.00	10.00	10.00	10.00
11		邹城市西部采煤塌陷地治理工程	209.64	5283	0	0	69.88	69.88	69.88
12		邹城中心店镇采煤塌陷地治理工程	220.03	4456	0	220.03	0	0	0

附表 14（续）

序号	行政区	重点工程名称	治理规模/公顷	治理费用/万元	年度治理规模/公顷				
					2016 年	2017 年	2018 年	2019 年	2020 年
	邹城市	小计	469.67	10630	0	230.03	79.88	79.88	79.88
13	微山县	微山县留庄镇采煤塌陷地治理工程	202.25	4096	0	50.56	50.56	50.56	50.56
14		微山县中西部采煤塌陷地治理工程	17.53	355	0	5.84	5.84	5.84	0
15		微山县欢城镇采煤塌陷地治理工程	384.02	7206	260.29	30.93	30.93	30.93	30.93
16		微山县付村镇采煤塌陷地治理工程	201.77	6174	66.95	0.31	67.26	67.26	0
		小计	805.58	17831	327.24	87.65	154.60	154.60	81.49
17	鱼台县	鱼台县北部采煤塌陷地治理工程	493.00	8319	222.13	67.72	67.72	67.72	67.72
18	金乡县	金乡县北部采煤塌陷地治理工程	103.17	3222	0	0	34.39	34.39	34.39
19		金乡县霄云镇采煤塌陷地治理工程	139.25	2193	0	46.42	46.42	46.42	0
		小计	242.42	5415	0	46.42	80.81	80.81	34.39
20	嘉祥县	嘉祥县梁宝寺镇采煤塌陷地治理工程	471.44	8465	43.47	106.99	106.99	106.99	106.99
21	汶上县	汶上县郭楼镇采煤塌陷地治理工程	251.78	3484	0	83.93	83.93	83.93	0
22		汶上县义桥镇采煤塌陷地治理工程	175.80	2650	85.06	0	0	45.37	45.37
23		汶上县南站镇采煤塌陷地治理工程	379.32	5249	0	0	126.44	126.44	126.44
		小计	806.90	11383	85.06	83.93	210.37	255.74	171.81
		合计	7539.73	172897	886.81	1394.76	1828.55	1873.92	1555.69